U0046978

LOCUS

LOCUS

LOCUS

LOCUS

領導者。這個「者」是多數，各部門的主管都是領導者。

──施振榮

願景與
企業文化

願景使大家方向相同，
文化能激勵人心

施振榮 著

蔡志忠 繪

總序

《領導者的眼界》系列，共十二本書。

針對知識經濟所形成的全球化時代，十二個課題而寫。

其中累積了宏碁集團上兆台幣的營運流程，以及孫子兵法的智慧。

十二本書可以分開來單獨閱讀，也可以合起來成一體系。

施振榮

　　這個系列叫做《領導者的眼界》，共十二本書，主要是談一個企業的領導者，或者有心要成為企業領導者的人，在知識經濟所形成的全球化時代，應該如何思維和行動的十二個主題。

　　這十二個主題，是公元二○○○年我在母校交通大學EMBA十二堂課的授課架構改編而成，它彙集了我和宏碁集團二十四年來在全球市場的經營心得和策略運用的精華，富藏無數成功經驗和失敗教訓，書中每一句話所表達的思維和資訊，都是真槍實彈，繳足了學費之後的心血結晶，可說是累積了

台幣上兆元的寶貴營運經驗，以及花費上百億元，經歷多次失敗教訓的學習成果。

除了我在十二堂EMBA課程所整理的宏碁集團的經驗之外，《領導者的眼界》十二本書裡，還有另外一個珍貴的元素：孫子兵法。

我第一次讀孫子兵法在二十多年前，什麼機緣已經不記得了；後來有機會又偶爾瀏覽。說起來，我不算一個處處都以孫子兵法為師的人，但是回想起來，我的行事和管理風格和孫子兵法還是有一些相通之處。

其中最主要的，就是我做事情的時候，都是從比較長期的思考點、比較間接的思考點來出發。一般人可能沒這個耐心。他們碰到問題，容易從立即、直接的反

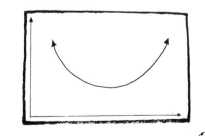

應來思考。立即、直接的反應，是人人都會的，長期、間接的反應，才是與眾不同之處，可以看出別人看不到的機會與問題。

　　和我共同創作《領導者的眼界》十二本書的人，是蔡志忠先生。蔡先生負責孫子兵法的詮釋。過去他所創作的漫畫版本孫子兵法，我個人就曾拜讀，受益良多。能和他共同創作《領導者的眼界》，覺得十分新鮮。

　　我認為知識和經驗是十分寶貴的。前人走過的錯誤，可以不必再犯；前人成功的案例，則可做為參考。年輕朋友如能耐心細讀，一方面可以掌握宏碁集團過去累積台幣上兆元的寶貴營運經驗，一方面可以體會流傳二千多年的孫子兵法的精華，如此做為個人生涯成長和事業發展的借鏡，相信必能受益無窮。

Think!

目錄

前言

- 企業文化，是立足企業核心價值觀的行為。
- 有了企業文化，這個企業的願景就會出現。

　　企業文化（Corporate Culture）是企業一個很關鍵的「軟體的基礎架構」（Soft Infrastructure），也是一般看不見的基礎建設；實質上，企業文化可以說是企業成敗的關鍵。而且，一個企業如果要追求卓越的話，很好的「願景」（Vision）及企業文化，是最基本的要件。

　　然而，在願景、企業文化、以及目標和策略之間，到底是什麼樣的關係？

　　首先，企業一定要有其核心價值觀，企業文化，則是立足於這些核心價值觀的行為。有些企業會把他們的企業文化整理為文字，有些沒有；但是真正的企業文化不是那些文字，而是那些行為。

企業有了核心價值觀，有了企業文化之後，這個企業的願景就會出現。

有了願景，就有不同時間的目標；此時，目標不只要和願景相符，還要和目前的業務相關。

為了達成這些長短期的目標，則要有策略。

策略是階段性的，會經常隨客觀環境、內在條件和時間而不斷變動。在這個過程裡，目標和策略都不能違反企業的核心價值觀。如果忘記這一點，而只以一時看來不錯的策略來達成一些目標，那就是倒果為因，只會造成長期更大的混亂。所以，企業的策略，一定要在核心價值觀的指引下，才能發揮優勢，避免弱點，達成目標，再進一步實現願景。最後，再回頭鞏固自己的核心價值觀和競爭力。

何謂願景？

- 可實現的夢想
- 所有人都為之興奮
- 值得長期追求
- 不是短期目標，但也不能遙遙無期

到底什麼叫「願景」（Vision）？為什麼願景那麼重要？還有，我們如何來發展一個有效而且大家願意努力的願景？隨著時間的變化，何時需要一個新願景?此外，理念要如何落實?這些都可以讓我們做深入的探討。

1989 年，我曾經以「台灣高科技未來的發展策略」為題，做一場演講。當時，我就提出了

一個願景及一個理念：願景就是「科技島」，理念就是「世界公民」。就是說，我們要繼續發展的方向，是要做為世界公民；也就是說，我們要以世界公民做為企業國際化最基本的理念。而整個台

灣長期的發展，應該以「科技島」做為願景。

當時，我特別強調：「科技島」只是生活品質提升、產業附加價質提高的代名詞，不限於所謂的高科技產業。此外，我還進一步說明：「科技島」並不只是一個名詞，也應該是台灣未來的一個方向。

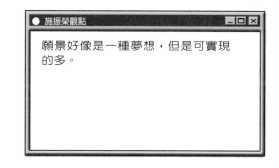

● 施振榮觀點

願景好像是一種夢想，但是可實現的多。

「願景」有什麼特性？第一個就是，願景好像是一種夢想，但是，它是可實現的夢。所以，1989年在談「科技島」的時候，因為我們有科學園區；當時，我用科學園區為例：政府投資到科學園區，可以說是「四兩撥千金」；投資非常有限的錢，但是，它帶動台灣整個產業界的人力、財力、資源，數十倍、數百倍地投入到這個共同的方向。所以，「科技島」這樣一個願景，應該是可以實現的；因為，我們已經從科學園區的例子，看到初步的成果了。

願景的第二個特性就是，希望它講出來的時候，大家會都會爲之興奮。以 1989 年那場演講爲例，爲什麼隔天的報紙都大篇幅地報導「科技島」的觀念？而且，從此以後，社會大眾慢慢地認同台灣是一個「高科技島」（Hi-Tech Island）；現在更發展成爲「矽島」（Silicon Island），甚至於叫做「綠色矽島」，強調環保的「矽島」。所以，變成大家爲之興奮，就好像講中了大家心裡在想的、追求的目標；社會大眾都認爲這是很重要的一個願景，而且，這個願景應該是值得大家去努力的。

　　願景不是一個目標，而是值得大家長期去努力追求的理念。譬如說，我要成爲世界第一，並不是一個願景，它是一個目標；當你追求世界第一，如果有一天你到第一了，那怎麼辦？願景是長期還可以不斷地去追求的。所以，在談願景的時候，如果是明天就可以實現的事情，那就不算了；當然，時間上面也一定不能遙遙無期，因爲，沒有人有耐性去追求一個看不到、自己也沒有信心可以實現的願景。

此外，願景的方向要正確，範圍也要加以界定：今天，不管是一個企業或一個組織的成立，當然是有成立的想法、使命、任務或想要追求的目標；所以，他的願景應該是跟他成立的宗旨是有關聯的，這樣才會產生一些效果。

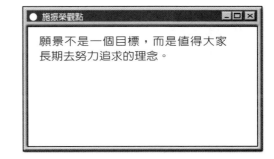

● 施振榮觀點

願景不是一個目標，而是值得大家長期去努力追求的理念。

願景為何重要？

- 培養所有人都願意為之努力的使命
- 使得所有投資都用於同一方向
- 累積長期的努力
- 比競爭對手領先一步

　　願景對一個企業或一個組織之所以重要，就是因為它可以為整個的成員，塑造出每一個人都很樂意去追求的使命；也就是說，願景的重要性就是，大家都為它而拚命，為它而努力。

　　此外，一個企業的成功，是日積月累的：不只是很多人的努力，同時是一點一滴、很多的事情、很多的時間所累積起來的；而這些累積如果要產生有效的力量，就必須大家要有相同的方向。

　　所以，很重要的是，如果你要累積這些努力的話，就一定要有一個願景；大家所做的努力，都是配合那個願景，這樣它才能是有累積效果的。也就

是說，願景主要是要讓你所做的事情，是可以長期累積的。

尤其，身處現在這麼自由、充滿競爭的環境，經營企業一定要比別人領先一步，才容易出人頭地。實質上，是在別人還沒有看到、還沒有感覺到的時候，你早已經有一個願景，在那裡引導你一步一步走向那個目標；在經過長時間的努力後，當市場成熟、機會來臨的時候，你已經把所有的競爭力，都已經準備好了，建立了所謂的「競爭障礙」（Entry Barrier）。也就是說，願景不僅讓你可以贏在起跑點，更能讓你遙遙領先競爭者的挑戰。

以現今最熱門的網際網路（Internet）來說，如果企業自己沒有一個願景，只是看到美國怎麼做，你就跟著他怎麼做；由於初期你沒有經驗、所做的是比較無效的，所以，最後累積的成果，往往是是沒有競爭優勢的。因為，別人也可以很快地模仿，用更低的成本、更快的速度、更改善的方法，可能可以做得比你更好；所以，你就沒有競爭障礙。因此，一個企業在投入一個事業的時候，如果沒有願

景，實際上風險是很大的。有願景，則經營就比較有效，因此風險自然也就會降低。

因為企業有願景，就可以一直朝相同方向前進，所有的成果就可以累積；在追求短期目標的同時，同時也可以為中、長期的目標鋪路。換句話說，願景可以讓你的努力，發生累積的效果。

企業沒有願景，則會分散力量，也會增加經營上的問題；甚至就算短期內有點不錯的成績，但是因為和長期的目標不夠一致，各種力量會相互抵消。

事實上，企業的經營，方向是很多的；可以這樣，也可以那樣；有了願景，就可以幫我們釐清方向。和願景比照一下，我們會發現有時候不見得最好的方向才是方向，有時候，次好的方向才是應該切實執行的方向。有了願景，還可以把大家的方向一致，在既定的、實際的方向之內，切實進行。

如何發展願景？

- 了解趨勢
- 了解目標、事業範圍
- 與重要幹部腦力激盪
- 與所有員工溝通
- 形成共識

　　到底要如何來建立、來發展一個有效的願景呢？首先，我們先要把大環境的趨勢、未來的趨勢搞清楚。因為，所謂的願景，以我個人的感覺來看，大致來講是十年；以教育或國家建設來看，也許二十年不算長。如果說要比較有效地訂一些目標、策略，應該五年也可以。所以，我們可以說，在一個願景之下，有五年目標、有十年目標；而願景是要配合未來的發展趨勢，所以，我們一定要先了解。

　　其次，你當然要充分了解你要做些什麼，而且，你一定要定義好事業範圍。有些人談願景，和

他自己業務是無關的。當然，這樣的願景
也是可以的；不過，如果這樣的話，第一
個問題是，你是不是準備要改變原來你在
從事的事業？否則，當你的願景是和你原
來的事業範圍不一樣的時候，你就必須檢
討這個是不是你要追求的？你在這個新的事業範圍
裡面，是不是具備了競爭力了？

　　因為願景是所有成員共同的事情，而且是尋求
未來的有效方向；因此，一般來講，當然都是先找
主要的幹部，一起來探討。不管公司有多少人，這
裡說的主要幹部就是指經營團隊，大家可以透過腦
力激盪的方式，來談整個企業或者一個組織的願
景。當少數、十幾位的幹部，有共同同意的願景的
時候；再由上而下，對全體成員溝通，最後才能形
成真正的共識。小公司由於規模小，不必過於具體
化，也不必付諸文字；人少，很容易形成共識，也
很容易傳佈給大家。大公司則人多，資源多，方向
也就多；這時必須腦力激盪，形成共識。從某個方

● 施振榮觀點　　　　　　　　　＿□×

有些人談願景，和他自己業務是無
關的。當然，這樣的願景也是可以
的；不過，如果這樣的話，第一個
問題是，你是不是準備要改變原來
你在從事的事業？

面來說，台灣中小企業長不大的原因，就是只抓機
會，而沒有願景，或不顧願景。

　　有時候，願景是一個方向。在這個願景之下，
實際上是可以有很多的詮釋，隨著時間，隨著溝
通，會越來越清楚；而且，慢慢地可以落實在各種
不同的組織，大的像國家、科技島等等，小的像企
業的實際工作上面。

　　比如說，以宏碁爲例，「人人享受新鮮科技」
（Fresh Technology Enjoyed by Everyone Everywhere）
這樣的一個願景，就會導入宏碁的「品牌願景」
（Brand Vision）：就是「打破人與科技的藩離」
（ Breaking the Barriers between People and
Technology）。實際上，兩者是相互呼應的：因爲，
你要讓人人都能夠享受新鮮科技的話，一定要先打
破人與科技之間的藩離、障礙。所以，這裡面很多
的理念都會連在一起了。

　　1997 年，Acer 要從一個硬體的公司，正式進
入軟體產業的時候，我們就提出一個願景：「創造

人性化位元」（Creating the Human-Touch Bits）；實際上，宏碁集團所有新成立的軟體公司的願景，和整個集團「人人享受新鮮科技」的願景是一樣的。宏碁在開發軟體的時候，所秉持的理念是要讓每個人都可以來享受的；所以，它所創造（Creating）的位元（Bit），就是軟體。

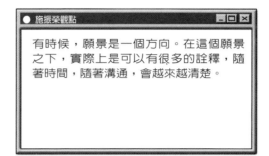

施振榮觀點

有時候，願景是一個方向。在這個願景之下，實際上是可以有很多的詮釋，隨著時間，隨著溝通，會越來越清楚。

我們所做的任何的軟體，都應該是跟人性化有關，是可以讓一般人享受的。所以，當宏碁在開發軟體的時候，整個是從「創造人性化位元」的角度，做為不斷地發展的方向。另外，最近因為要做網際網路服務，所以，我們又提出了：「網路生活，亮麗你我」（Enjoy the Delight Internet Services）的口號。

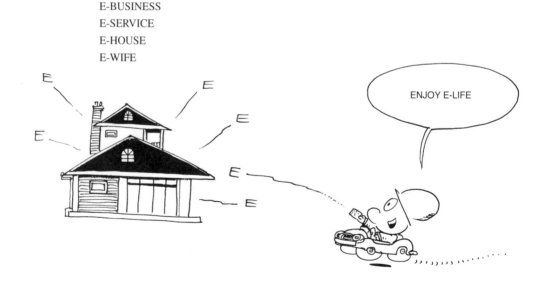

E-BUSINESS
E-SERVICE
E-HOUSE
E-WIFE

ENJOY E-LIFE

類似這樣的發展，實際上，我們很明顯地可以觀察到：假設企業有大的組織，像宏碁集團（Acer Group），另外，還有一些「次集團」（Subgroup）。假設軟體是一個次集團、網際網路是一個次集團，或者週邊是一個次集團，像明碁次集團；因為明碁是做「人機介面」（Human Interface）的，所以就會強調「真、善、美」。也就是說，這些次集團所生產出來的東西，要具備讓消費者有真、善、美的感覺。所以，當所有的人都有相同願景的時候，整個宏碁集團幾萬個人的力量，就比較容易集中，向共同的目標前進。

何時需要新的願景？

- 外在環境改變
- 內部條件改變
- 最高管理階層換人
- 企業營運走下坡
- 抓住新的生意機會

到底企業在什麼時候，需要重新規劃一個新的願景呢？第一個當然是外界的大環境完全改變的時候。我們舉交通產業為例，原來是生產火車或汽車的企業，早期的時候，如果他的願景訂的是交通工具、或者他是以速度或服務做為願景的話，可能在外界不斷地變化，科技不斷地變化的時候，也不致於被淘汰的。

實質上，如果外界在變化，尤其是科技所引發的，比如說引擎的發明是一個工業革命，微處理機的發明是一個工業革命，網際網路（Internet）是一個數位革命；這些都是很新的科技，一定會造成環

境的不同，因此，企業在因應外在環境的改變時，一定要有一個新的願景。

　　比如說我們為什麼又有一個「人人享受新鮮科技」（Fresh Technology Enjoyed by Everyone Everywhere）的願景？就是希望這個願景是比較中性的，而我們當然也不斷地提供新鮮的科技給消費者。也就是說，當類似網際網路這種新的科技出現時，我們同樣要讓每一個人都可以隨時隨地的享受（Enjoyed by Everyone Everywhere）這種新鮮科技所帶來的便利。如果整個企業的發展都是秉持這種角度，而且所定的願景都是中性的時候；那麼，即使外界在變化，也不會影響整個企業活動的運行。如果，我們發現外界變化會深深地影響企業活動的話，一定要趕快調整！否則，等於你所做的都變成是白做了；等於是做一些沒有效能的工作，做沒有結果的東西。

　　我說要中性，是因為中性才沒有排他性，可以包含電腦、軟體、週邊、零組件....等等。假設一個航空公司，認為自己是飛機公司，就是排他性；如

果認為自己是交通公司，雖然空間大了很多，可能也要再釐清一下到底是強調舒適，還是強調高級或便宜的航空公司。因此，願景不能太窄，太窄就有排他性；願景也不能太寬，太寬又容易模糊。

宏碁集團的願景，夠大又夠集中；次集團的願景，則窄一點，但又要讓他們有足夠的空間。

我們所說的「新鮮」科技，不代表最新的科技；這是因為我們認為光是尖端，不見得最有用。美國的科技最尖端了，但是大陸的人享用不到；我們不僅開發技術，也希望已經成熟了的科技能為更多的人享用。所以，如果我們可以多努力一些，降低成本，增強服務等等，那就可以讓人人都能享用新鮮的科技。「非科技」的事情，不是我們的業務範圍，但是，「貴族」的科技，也同樣不是我們的業務範圍。

此外，當企業內部的條件已經改變的時候，就需要再重新規劃一個新的願景。宏碁在 1976 年創立的時候，資本額只有新台幣一百萬元，員工只有十幾個人；當時的條件和現在（2000 年）有三萬五

千個人，有一千億以上的
資產，完全不一樣了，當
然也要有不同的願景。所
以，內部能力的不同，也
是要考慮的要素。就像前
面我們所談到的，願景是

● 施振榮觀點 ▬□✕

我們所說的「新鮮」科技，不代表最新的科技；這是因為我們認為光是尖端，不見得最有用。所以，如果我們可以多努力一些，降低成本，增強服務等等，那就可以讓人人都能享用新鮮的科技。

一種夢，但是，是可以成真的夢。當企業的規模比
較小的時候，要能成真的夢就不能太大；當你達成
那個夢的時候，是不是應該要再重新建構一個夢？
再築一個夢？

　　還有，當組織最高階層的管理者都在變化的時
候，也是需要再重新規劃一個新的願景的時候。當
組織已經經過很多的努力，仍然做不出所以然的時
候，不要以為找一大堆理由，諸如經濟不景氣、亞
洲經濟危機之類等等，就可以搪塞。沒有用，反正
不行就是不行，你不變也得變，一定要重新再思
考，可能原來的願景已經有問題了，需要再重新規
劃一個新的願景，才能抓住新的生意機會。

理念如何落實？

- 形成基本信念
- 建立價值系統
- 成為方向一致的動力
- 集中建立核心競爭力
- 提高組織綜效
- 帶領組織持續地改良與進步

到底經營的理念所代表的義意是什麼？經營的理念是一種你對一些事情的相信，你相信一種信念；比如說，「企業公民」就是一種經營的理念。我在談「科技島」的時候，談到企業在國際化的過程中，一定要以「世界公民」（Global Citizens）為行事標準．它就是一個理念；實際上，它所表達的就是叫做「企業公民」（Corporate Citizens）。

其實，企業本身就是一個法人；當企業在台灣經營的時候，當然是一個 Citizen 的觀念。Citizen 我們在小學的公民課就已經討論過了，他有權利，

也要盡很多義務的；當企業到國外去投資，就變成是當地的企業公民了。所以，像這樣的一個企業公民的角色扮演，本身就是在談一個理念，在建立一個價值的系統，也就是你對一些事情的看法。

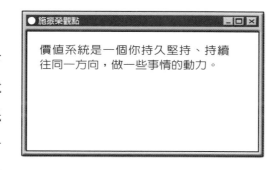

● 施振榮觀點

價值系統是一個你持久堅持、持續往同一方向，做一些事情的動力。

這個價值系統是一個你持久堅持、持續往同一方向，做一些事情的動力。它也可以使你相信它，讓你不斷地去建立，去累積，努力去建立企業的核心競爭力。因為經營理念是一個比較信仰性的東西，如果整個組織有一個經營理念的話，每一個人在公司工作的時候，自然會有共同的方向；此時，組織裡面團隊的精神、團隊的力量，就比較容易發揮。然後，因為你有這樣的一個信念，才能夠對企業的經營，不斷地在改善，不斷地在進步。

宏碁的理念

- 宏碁 123 － 客戶、員工、股東
- 不留一手、生生不息
- 分散管理，群龍無首
- 利益共同體、全員入股、長期合夥

　　這裡，我們以宏碁為例，來說明理念的重要
性。宏碁有一些最基本的理念：比如說，「客戶第
一，員工第二，股東第三」。當我們設定這樣一個
順序的時候，一定不光是我口頭上在講，我要講出
一些道理，讓大家都認同；而且，大家都是依循這
個順序在做事，變成企業運作的一套想法。

　　在一般的想法裡面，認為經營企業的目的當然
就是要賺錢，所以，優先等級最高的就是股東。美
國所有的理論，都在談：「創造股東的價值」
（Create Shareholder's Value），他們往往將股東的權
益擺在第一順位，不過他們也會提出：「顧客至上」
（Customer Is Number One）的理念；但是，宏碁的

理念是把股東放到第三順位。

　　我們能夠說服股東的理由很簡單：宏碁不是在經營短期的股東利益，我們是在經營股東長期的利益。為了要達到股東長期、持久的利益，一定不斷地要能夠服務好我們所有業務的消費者、客戶；而善待員工，照顧員工，讓員工能夠安心、專心地為這些客戶服務，則是不二法門。

　　在自由經濟的體系之下，自然會有一個機制，當我們把事情做好，客戶滿意了以後，自然會回饋一些利潤；這些利潤是建立在消費者的利益之上的利潤，它是可以永續的，也自然就成為股東的長期利益了。如果大家沒有辦法聽進這種理念，我最後就拿出殺手鐧，我說：我是公司最大的股東，我相信這個理念，我也不會害你們；因為我是最大的股東，我要害你，那不是我害了自己嗎？而且我的損傷是最大的，確實是這樣。我用現身說法，表明我們最大的利益就是「Acer 1-2-3」。

　　「不留一手」是跟企業文化有關的。因為整個客觀環境而言，中國人喜歡留一手，而使得產業不

能快速地進步，組織也不能生生不息地發展。 我們
相信只有不留一手，企業才能夠生生不息，這個是
一個基本的相信；我們相信了，我們也就這樣做
了。我想，我來和大家分享宏碁的經驗，也是在表
達我這個「不留一手」的理念。

宏碁另外一個理念就是分散管理。分散管理對
經營者而言，本身是有問題，而且是比較難的；因
為，集中管理的時候，大家都聽我的，我來負責就
好了，管理是比較單純的。但是，現在客觀環境變
化這麼快，外面的事情又那麼多，好像永遠做不
完；所以，大家要做事情，最好、最有效的方法就
是分散管理。

要有四臂觀音、八臂觀
音、二十四臂觀音、千手
觀音的精神，不留一手地
把所有的看家本領都拿出
來，讓大家分享，才是最
大的布施。

我的理念是，分散管理做好的話，一定是最有效的；不過，要如何做好分散管理，當然挑戰是很大很大的，但是，你必須先要有這個理念。也就是說，我要採用分散管理的制度，而因為分散管理所衍生的問題，我們再來想辦法克服。如果你沒有這個理念，今天分散管理吃了虧了，明天就會改口說，我要一把抓了，比較快啊，比較有效啊。如果你沒有這個理念的話，當然很容易找到好的藉口，因為從短期來看，當然一把抓、中央集權是最有利的。

　　為了要達到分散管理的理念，甚至我也大聲地提出：不僅是「群龍無首」，而且要享受「大權旁落」。因為，社會上大家都要掌權，有權力好做事情。但是，我不斷地在強調大權旁落的好處，並享受它；所以，我提出了：「龍夢欲成真，群龍先無首」的概念。

實際上，如果以中國人對龍的定義，應該是有智慧的生物，既然如此，為什麼還要首呢？這個首最好是無形的，就是願景、理念，拿這個當為所有組織的群龍之首。就是因為沒有一個人真正在指揮這些龍，當他們有一個共同的方向時，自然就會成群了。後來，我才聽說，「群龍無首」好像是易經裡面最高的境界，所以這個理念好像也沒有錯，是值得追求的一個目標。

宏碁另外一個基本理念就是利益共同體。我們認為，一個團隊如果沒有共同的利益是不可行的！所以，全員的入股是最基本的考量，因為彼此的關係是長期合伙的。這個共同的利益，隨著時間在變，當然要不斷地調整；但是，基本上，這個是一個長期合伙的關係，這樣一個基本理念，也是宏碁很重要的一個理念。

制定企業策略

- 評估外在趨勢及衍生涵義
- 定義願景與使命
- 設定目標
- 找出關鍵的成功因素
- SWOT分析
- 發展策略
- 擬出行動方案

　　我在這裡要提出一套很有效的方法，就是「策略會議」；這是一套從願景到整個行動方案（Action Plan），這樣一個策略形成的過程。我記得在 1988 年的時候，我們從美國請了K.T.的顧問來傳授策略規劃法；前後大概花了三個月，好幾個禮拜六、禮拜天，才弄出一個五年策略規劃；事後發現，對我們不是很有用，也就束之高閣。

　　後來，我當台北市電腦公會理事長，請了 IBM 的一個顧問，幫我們做兩天的策略會議，效果不錯，兩天好像也夠了。後來，我們建立這套程序之

後，發現即使是半天的會議，也是可以用的，而且很有效。

策略會議一般來講就是由 CEO（執行長）領導，找一級主管，大概十幾位最恰當，二十幾位有一點多，十位左右也可以，三、五位可能嫌少了一點；大家就一起來集思廣益，談談外界有關的大趨勢，這些趨勢到底代表什麼意思？也就是說，你要環顧一些與企業有關的事情，慢慢地觸及企業未來的願景到底是什麼？他的任務、使命是什麼？結論最好是愈簡單愈好，句子不要太長。

例如，狄士尼樂園（Disneyland）說製造快樂，化粧品公司說製造美麗，這是比較簡單說法。但是，問題是，狄士尼樂園的願景是在製造快樂，如果你也是娛樂公司，同樣也在製造快樂的話，沒有為自己定義出獨特的定位，這是 Me Too，就沒有辦法讓所有的成員感到興奮。

所以，我們一定要思考和自己客觀的條件、要追求的目標與範圍相關的；然後，我們定義一些最好是一句、兩句話，不要太長的願景。最後，還必

須設定一些三年、五年、十年可以達成的目標。

另外，企業經營成功的要素是什麼？我們也要做 SWOT（企業本身強點、弱點、機會點、可能的威脅）的分析，然後，發展出可行的策略。我們可能用一些例子來說明，然後，擬定一些行動方案。

在整個過程裡面，我們都希望每一大項都能提

出十種左右的小項目；然後，經過大家投票，篩選
成三到五項比較重要的。但是，為了怕遺漏一些重
要的點；所以，在決定之前，一定要以腦力激盪，
把它盡量展開，一直問：「還有沒有其他目標？」
「關鍵要素是什麼？」「你的策略是什麼？」最後，
必要的時候，再經過大家來投票決定，把重要的提
出來。我覺得這個策略會議的過程，還蠻有效的。

這些都很好，但別忘了一個永遠的目標，就是「製造出鈔票」。

宏碁的策略

- 鄉村包圍城市
- 內部創業
- 網路組織
- 群龍計畫
- 全員品牌管理

在宏碁整體的策略裡面，「鄉村包圍城市」是很重要的一個策略。實際上，我一直在強調：很多的策略是從本質的弱點來思考的。當企業在資源有限、條件有限的時候，反而「鄉村包圍城市」是一種很值得考量的策略。

問題也是在這裡：比如說，很多企業一開始在「利基」（Niche）市場都很成功；我們也可以說，利基市場可以算是一種鄉村，攻下一個小的利基市場，也等於是佔領鄉村了。問題是，企業不成長則已，要成長的話，就要進攻很多鄉村。但是，鄉村的意思就是距離遙遠，每一個鄉村的環境一定都不

一樣。當企業要進攻很多鄉村的時候，就必須要有多元化管理的能力，這就會對組織的經營造成很多的困擾。

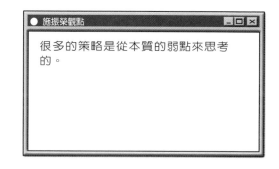

● 施振榮觀點

很多的策略是從本質的弱點來思考的。

如果企業已經到了可以進攻城市的規模了，但是，針對主流的戰場，做法又迥然不同；你必須具備有打主流戰、組織戰的能力，這和你剛開始創業的時候，要切入一個利基市場的做法，是完全不一樣的。所以，這就是為什麼，科學園區有好幾個在1980 年代末期上市的公司，當初都是在利基市場非常的成功，最後就後繼無力的原因。

所以，經營企業不能只攻一個鄉村，要嘛就把所有的鄉村都攻下來，當然就可以變成很大；但是，這是很難管理的經營模式。要嘛就把它從鄉村游擊戰，轉變成一個能夠打組織戰的經營模式；這裡面就有很多的經營能力（Competence）是不斷地要去建立的。

在宏碁的發展過程中，剛開始「鄉村包圍城市」

是我們一個很重要的策略。但是，當企業要不斷地攻佔利基市場，以追求不斷成長的時候，透過創業的模式，是比較有效的；所以，內部創業，實際上是在解決多元化管理不同事業的一種模式。

實質上，宏碁原來的經營理念是分散式管理，慢慢地變成主從架構，再變成網路組織，這裡面當然是跟理念有關的。但實際上，它的目的是因為客觀環境變化太快，為了追求速度、彈性，而且不斷地再造，所形成一種網路組織的模式。反過來說，講策略或訂策略是比較簡單的，但是要執行那個策略就很複雜了。因為策略大家都可以講，真正的差異不在於講策略，而在於如何有效地執行策略；這個時候，可能就要有理念或願景來支撐。因為我有一個願景在那邊，我有一個基本理念在那邊，所以，我在相信這個策略之後，能夠把策略執行到比別人更有效，而別人即使是採用和我同樣的策略，也已經來不及了。

「群龍計劃」也是一種策略。大家都說要訓練人才，而宏碁早在 1990 年就提出要訓練一百個總

經理，1997 年提出要訓練兩百個總經理的計劃。由於我們比別人更早提出，同時更早一步執行；實質上，當別人也在有群龍計劃的時候，我們已經遙遙領先。理由是，因為我們做這些事情，不管是網路組織還是群龍計劃，都是需要有相當的時間要累積的。

所以，很多的策略，不管要多元，還是作組織戰，都是在不斷地建立「核心能力」（Core Competence），它的重點就是在建立競爭障礙。如果企業在經營的過程裡面，沒有透過願景，透過理念，透過有效的策略，同時建立競爭障礙的話，在自由經濟的環境裡面，可以說是比較不利的。不像過去政府可以保護，大財團也可以把別人排擠掉；現在企業的規模愈大，自然就形成包袱，營運的績效就愈差，反而是比較不利的。所以，如果大企業，比較悠久的企業，沒有在經營的過程裡面，建立一些競爭障礙的話，他一定是輸定了。

發展宏碁的軟體策略

- 原　由：軟體是未來，宏碁需要集團的策略
- 時　間：1997 年四月的某一天
- 參與者：施振榮與二十幾位相關的主管
- 方　法：透過策略形成會議

　　1997 年的時候，我們感覺到軟體實際上是很重要的產業；不但是對宏碁集團未來的發展很重要，對台灣未來的競爭力也很重要，甚至對整個亞洲未來的競爭也很重要；所以，軟體是一個值得投入的方向。只是說我們所要追求的這個業務範圍（Business Scope）是在一個軟體產業（Software Industry）或者只是軟體業務（Software Business）？在組織裡面，對軟體的願景是什麼？

　　所以，我和二十幾位相關的主管就在 1997 年四月的某一天，進行一個只有一天不到的策略會議，大概早上八點半到下午三四點鐘就結束了；一

般來講應該要一天半到兩天，這一次我們只用不到一天的時間。在這個會議中，我們提出的願景就是：「創造人性化位元」（Creating human-touch bits），雖然簡單，但是，當時就已經有一個非常清楚的目標了。

宏碁的 SoftVision 2010

- 願景：創造人性化位元
- 目標：2010 年時，到達集團利潤的三分之一，營收的六分之一
- 範圍：
    — 搭配硬體的軟體
    — 本地／區域內容
    — 本地／區域服務
- 策略：
    — 100 家公司
    — 40 歲以下的 CEO
    — 需要許多的伯樂與千里馬
    — 需要不同的企業文化
- 立即的行動：三百萬美元的軟體種子基金

雖然我們知道像在硬體之類的高科技產業中，只要提五年的目標就夠了；不過，軟體實在是摸不著，我們也沒有信心。所以，就畫一個比較遠的餅：到 2010 年的時候，軟體事業要達到整個集團利潤的三分之一，營收的六分之一。當時，我們的軟體事業幾乎是零，但是硬體的規模卻不算小；所以，提出這樣的目標看起來很簡單，但是，要做什

麼？做得到嗎？則是比較有挑戰的。

我們的方法很簡單：經過 SWOT 的分析以後，我們認為在整個大環境下，很難和美國的軟體公司直接競爭。所以，我們就談到三個軟體發展的方向：第一個就是開發「崁入式軟體」（Embedded Software）。因為全世界主要生產硬體的公司都在台灣，所以，我們就只專注這些和硬體搭配的軟體，以充分發揮我們的產業優勢。

第二個就是發展本地／區域的內容（Local／Regional Contents）。在華文的領域或者與整個亞洲地區的特性有關的內容，美國公司就比較沒有優勢了；所以，借重我們的地利之便，充分發揮我們了解本地文化的優勢，發展本地／區域獨特的內容，也是一個可行的方向。同樣的，第三個就是提供本地／區域的服務（Local／Regional Services），從台灣開始，再推廣到東南亞；初期，可以先避開日、韓的市場。

這是在 1997 年，宏碁在軟體領域尚未介入太多的時候，就已經定義的發展範圍。經過這幾年下來，當我已經了解軟體產業以後，除非大家的想法有所變化，再開一個策略會議，改變這個願景和業務範圍；否則，隨便怎麼問，怎麼想，所有的答案都在這裡面。因為，我已經倒背如流了，甚至它是不用背的了，它已經變成是一個基本的信念，我們已經都相信它了。所以，只要秉持這些基本的信念，不管是做怎麼樣的決策，都不會逃出這個範圍。

　　當時，在擬定策略的時候，就有很多的義意在裡面了：在 2010 年前，整個宏碁集團要成立一百家軟體公司。這個代表什麼意思？到底宏碁在成立二十年，二十年了還沒有幾家公司的時候，為什麼說未來十年要成立一百家公司呢？它的義意就是說軟體公司不需要很大，可能五十個人、一百個人、兩百個人成立一家公司，有時就非常有競爭力了；所以，是一百家軟體公司，不是三家、五家。這個就是有軟體的特質在裡面。

其次，我們要物色四十歲以下的 CEO（執行長）。強調四十歲以下的原因有三個：一、軟體的目標定得比較遠，二〇一〇年的目標都要出來。因此要努力，但也要能夠長而久。二、宏碁的企業文

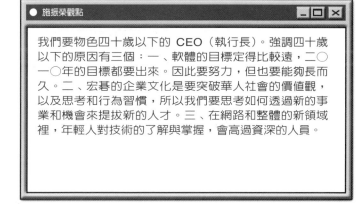

我們要物色四十歲以下的 CEO（執行長）。強調四十歲以下的原因有三個：一、軟體的目標定得比較遠，二〇一〇年的目標都要出來。因此要努力，但也要能夠長而久。二、宏碁的企業文化是要突破華人社會的價值觀，以及思考和行為習慣，所以我們要思考如何透過新的事業和機會來提拔新的人才。三、在網路和整體的新領域裡，年輕人對技術的了解與掌握，會高過資深的人員。

化是要突破華人社會的價值觀，以及思考和行為習慣，所以我們要思考如何透過新的事業和機會來提拔新的人才。三、在網路和整體的新領域裡，年輕人對技術的了解與掌握，會高過資深的人員。

當然，這一個策略就引起很多的爭論了；因為，它排除了很多在集團內部的候選者。後來，我們改成「人老，心不老」也可以。不過，實質上，我們寧可讓四十歲以上的人當伯樂算了，不要當千里馬；因為要去打一場規模很大的仗，一百家，需要一堆的伯樂跟千里馬，大家都應該有各自發揮的

空間。

軟體的特色剛好發揮宏碁網路組織及分散式管理的特質，所以，我們相信如果是到其他企業去開同樣的策略會議，結論絕對是不一樣的。但是，最重要的，就是我們的願景，我們當時所擬定的策略，就是要達到那個使命、那個目標，最有效的方法。為了宣示決心，我們在那個時間同時就說，我們相信企業文化也會有所不同。這等於說，我同意本來就是一個強勢的、卓越的宏碁的企業文化，要為軟體事業做改變，我們等於從基本觀念上自己先做改變。否則，如果沒有這樣的一個結論的話，大家都不敢動啊。

因為，宏碁的企業文化，宏碁的價值觀，是造成物以類聚的根源：如果不是具有那種價值觀的人，在這個組織裡面是格格不入的；到時候，他雖然是一個人才，可能也不會留得太久。這樣問題就來了，因為那種人才可能很適合，為宏碁開拓未來很多業務的機會；但是，原來的企業文化可能跟他格格不入。所以，這是為什麼我們也談到企業文化

要改。

　　不過，更重要的是，當時我們馬上就成立一個新台幣一億元的「軟體種子基金」，做為宏碁對軟體事業最具體的宣示。實際上，在 1997 年的時候，硬體產業已經是以百億為單位，所以，一億是不算多的。但是，很奇怪，美國在軟體產業已經非常發達了；為什麼在台灣，一億新台幣在當時就能夠造成社會上，那麼大的重視？當然，因為當時大家對軟體是沒有信心的，宏碁願意投資在軟體事業，好像能夠提高投資者對軟體的投資意願。媒體呢？很奇怪，他們好像不分大小及重要與否，只認為新鮮就好；反正，在過去沒有人這樣講的，於是他們就大量地報導。

　　從我們提出「創造人性化位元」願景以後，經過這三年的演變，我們在 2000 年四月，舉辦一個 e-life show。我們把自己重新定位在「網路生活的推手」（Internet Enabler），而且所有的企業體，全部都朝這方向調整。硬體部門就走第一條路，發展了很多和硬體搭配的「崁入式軟體」；當然他就提

高了更多的附加價值，能夠更容易達到「人性化位元」，朝讓消費者能夠享受科技的方向去走。

　　以上的例子，只是在強調，這是個投入成本非常小的策略規劃；一個下午，一天不到，二十幾個人，大家腦力激盪，就產生了這個只有一張紙、兩張紙的結論。在這個方向之下，一步一步走下來，一年比一年更具體，一年比一年更清楚。更重要的是，進度是大幅地超前，恐怕在 2005 年就超過一百家軟體公司了；利潤呢？希望也能夠對企業創造很重要的比例。 實質上，宏碁集團雖然目前最主要的營業額仍然來自於 PC，但是它的利潤已經低於總利潤的一半以下，已經在轉型了。

企業文化

- 企業價值系統
- 無形的企業基礎架構
- 深厚的文化可有效發展成功的企業
- 口號有助於溝通
- 典範很重要
- 領導者扮演關鍵角色
- 沒有文化也是一種企業文化

　　企業文化是一種價值觀，是企業的價值系統，也是一個無形的基礎架構。一般我們在談「基礎建設」（Infrastructure）的時候，就好像社會要動的時候，要有交通、海港之類的基礎建設，經濟才動得起來等等。對企業而言，企業文化（Corporate Culture）就一個很重要的、無形的「基礎架構」（Infrastructure），它能夠協助企業建立深厚的文化基礎，並很有效地開拓一些成功的企業。

　　在企業文化裡面，當然要有效地傳達一些價值觀。通常一些比較廣泛、有效的口號，對溝通是有

幫忙的；但是，最關鍵的還是有一些眞正的典範，一些行動的示範。因爲，只有講沒有用行動來詮釋這些價值觀的話，是沒有辦法眞正說服員工的。

在企業文化的塑造過程中，領導者當然扮演最主要的角色。其實，社會上有很多的公司是沒有什麼文化的，因爲領導者並不在乎。沒有文化，也是一種企業文化；那個企業文化，就是沒有文化。我相信這些公司短期成功的機會，可能是存在的；但是，如果他要長期經營，就會碰到瓶頸了。

以前有統計過，台灣企業的平均壽命是七年，爲什麼？就是領導者並不重視企業文化！何況，台灣的企業比美國有更多像植物人的「植物企業」，不太有生命力。因爲，在美國的企業，不行就關門不幹了；台灣的企業，縱使營運不行，還是就擺在那邊，不肯關門，反正回家自己另外再開個小店也在過日子。所以，企業眞正要有生命力的話，一定要有一個相信、有一個價值觀、要有一個文化。

無法走出企業瓶頸

沒有企業文化，就無法走長遠的路。

宏碁的企業文化

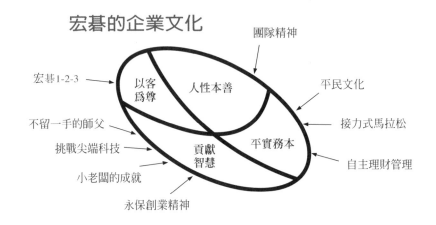

宏碁的企業文化

團隊精神

宏碁1-2-3 → 以客 為尊 人性本善 平民文化

不留一手的師父 接力式馬拉松

挑戰尖端科技 → 貢獻 智慧 平實務本

小老闆的成就 自主理財管理

永保創業精神

　　要開拓或塑造一個企業文化，最好是在組織還很小的時候，就開始了；因為，規模大的時候，是不容易培育及推動的。

　　規模小的時候，最好能夠創造一些口號，方便不斷地講；最好有一些日常工作上的真實故事來說明。而且，每一個人的行為，一定要跟企業文化所闡釋的意義要相符合，如此才能得到長期累積的效

應。

　此外，平常在工作的時候，要不斷地溝通
（Communication），不斷地形成共識，讓它變成是
工作或生活的一部份；而且也要激勵、表揚或者鼓
勵那一些有這種企業價值觀的成員，這樣才能形成
一股風氣，塑造出深植人心的企業文化。

　這裡我就從幾個地方，談一談宏碁企業文化的
背景。在宏碁創立的第一天，我最早提出來，同時
我也深信不疑的就是所謂「人性本善」的價值觀。
因為，整個社會的客觀環境是「人性本惡」：我們
的政府、我們的法令、我們的環境，都是處於這樣
的價值觀。我們認為
這樣的價值觀，對企
業的永續經營及長期
的發展，實在不是很
有效的；但是，要落
實「人性本善」的價
值觀，其實是很難
的。

爲什麼我說在規模小的時候，比較容易塑造企業文化。因爲當時我想，反正，全公司只有十幾個、二十個人，每天就關在同一個公寓裡面上班，我就天天洗腦：我們來試試看，我們值得一試。所以，要在規模小的時候，才有機會慢慢地培育。否則，當組織超過某個規模之後，像這種人性本善的價值觀，在客觀環境不是那麼有利的情況之下，是不容易建立的。

　　如果你想要有一些有效的企業文化，當然也可以這麼做；有的企業文化則是隨波逐流的企業文化，那其實就等於是沒有企業文化。因爲企業沒有自己特殊的文化，沒有強勢的文化，當然就容易受到外界的影響。

　　比如說，宏碁在美國有獨立的公司，但是我們美國的同仁，就沒有企業文化。爲什麼沒有企業文化？因爲他們的文化，每天都受到外界的影響：他們的想法、價值觀，就是美國一般企業的價值觀。當他們用那個價值觀要來跟我們一起開拓我們的業務的時候，我們的特色、我們的優勢，不但都沒有

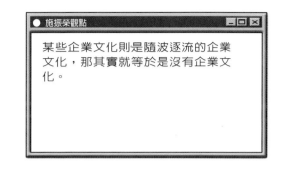

● 施振榮觀點

某些企業文化則是隨波逐流的企業文化，那其實就等於是沒有企業文化。

辦法發揮了； 而且，暴露的恐怕都是我們的弱點。因為，我們的優勢就是有美國企業所不具備的競爭力，但是，美國企業卻具備了本來就是我們不具備的競爭力；所以，沒有文化就成為弱勢，那時候強勢文化也就入侵，你就很容易迷失了你自己。所以，從小建立優良的企業文化，是很重要的。

那時候，我們也提出「窮小子文化」的理念，後來變成「平民文化」，就是要養成平實務本的工作態度。所以，我們強調「長期馬拉松」的精神，後來改成「接力式馬拉松」；因為一個人跑馬拉松實在是很累的，如果很多人來跑，可以相互支援，情況就比較好，這樣我們就把觀念改變過來了。當時，我們就堅持財務要獨立自主，自由資金比例一定要高。

我們是先有外圍的這一些理念，才慢慢地形成具體的宏碁的企業文化。在一九八五年左右，我們把這些理念湊在一起，變成一個四句十六字的眞

密宗的六字真言：
「唵、嘛、呢、叭、彌、吽」

言：「人性本善、平實務本、貢獻智慧、以客為尊」。也就是說，十六字真言是後來才發展出來的，實際上是先外圍的一個一個理念開始；事情不是一天發生的，而是事情發生的時候，經過幾個人，大家的共識以後，就把它放大，成為我們共同的價值觀。宏碁的企業文化強調平民文化、強調接力式馬拉松、強調小老闆的成就，我們也希望向尖端科技挑戰。

當然，我們也曾經有爭議：我記得有一陣子，每一個人都要套我的話，到底誰重要？是生產掛帥？業務掛帥？還是研展掛帥？後來，我只能答覆說是「智慧掛帥」，也就是「貢獻智慧」，我沒有得罪任何人，而且智慧掛帥，應該也是對了。

實際上，在整個企業文化形成的過程裡面，它對企業發展的有效性是存在的；同時，它也在傳達你

宏碁企業的十六字真言：
「人性本善、平實務本、貢獻智慧、以客為尊。」

的一些價值觀。當時我們也很清楚的知道,在這個資訊產業中,要不斷地面臨挑戰,所以,就在那個時候提出「不留一手的師傅」這個觀念;鼓勵同仁平時就做好經驗的傳承和工作的交接,當新的挑戰來臨時,才可以心無牽掛地迎向新的任務。「宏碁1-2-3」所闡述的「客戶第一,員工第二,股東第三」的經營理念,實際上已經是後續的發展。

當然,很多人主觀上都會覺得自己的企業文化很優良,但是,到底客觀上怎麼評估自己的企業文化是否優良呢?我認為有三個指標:

一、利於企業追求卓越。不但在短期內對企業有所助益,更重要的是,在長期可以持續、永續地有助於企業。

二、有助於人才的培養。像一二十年前賣事務機器,採高佣金制度的公司,讓一些大學剛畢業的同事就拚命賣關係,拿佣金;但是,賣完了,也就完了,這樣對人才的培養是十分不利的。

三、被大多數人認同。不被大多數人認同的企業文化,是無用的企業文化。

宏碁企業文化與競爭力的關係

宏碁企業文化與競爭力的關係

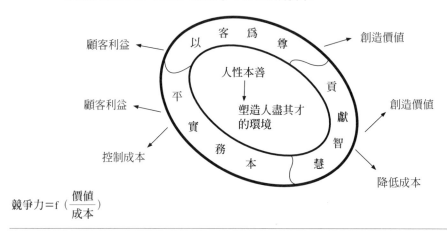

顧客利益　以　客　為　尊　創造價值

人性本善
↓
塑造人盡其才
的環境

顧客利益　平　　貢　　創造價值

實　　獻

控制成本　務　本　慧　智　降低成本

$$競爭力 = f\left(\frac{價值}{成本}\right)$$

　　當我們在提到「競爭力＝ f （價值／成本）」
這個競爭力公式的時候，就會發現企業文化和競爭
力是大有關係的：「人性本善」當然是指整個客觀
的環境、經營的環境，尤其是靠人的產業，需要人
盡其才的環境，就必須是具備人性本善的理念。

　　「以客為尊」是從客戶的角度來思考，來考慮

所創造的價值是否符合客戶的利益；這個等於是競
爭力公式的分子。「貢獻智慧」一方面是創造價
值，一方面是在降低成本。「平實務本」就是說我
們的產品或服務，一定要從客戶的利益去考量，我
們也同時在控制成本。

　　所以，從這一個角度來看，我想，一個企業文
化能不能持久，一定是要和它長期所要發揮的競爭
力是有關係的。

建立企業文化的挑戰

- 當業績不佳的時候
- 組織成長太快
- 生意多元化
- 海外公司
- 最高主管與幹部不穩定
- 中層主管不夠積極

要建立一個可長可久的企業文化，實在是不容易的。在 1990 年，當我們公司的業績在往下走的時候，我邀請美國麥肯錫顧問公司（McKinsey & Company）到宏碁進行診斷。本來我們就有強勢的企業文化，不過，他們指出：企業文化要有效，就是當企業發展順利的時候；因為可以證明那個價值觀是有效的，所以，那個時候要放大說服力，再次強調好的企業文化。當你業績不好的時候，你講出的話是沒有說服力的。

　　所以，最好是一開始就塑造企業文化。反正，在企業草創的時候，比較不會被挑戰；那時候的虧本，通常被認為是理所當然的，因為在投資嘛。所以，你就拚命地創造一些企業文化，一些價值觀；因為，那時候整個經營的環境還不複雜，比較容易培育企業文化。

　　另外，當企業在大賺的時候，你還要再強調一些，這個才是對的。當然，一定不要讓一些短線操作只追求短期利益不考慮長期目標誤導了企業文化；如果是在一些短線操作很成功的時候，所引導出來的企業文化，當然就非常的不利。

　　企業的營運狀況不是很好的時候，很難塑造企業文化；組織成長很快的時候，也是很難塑造企業文化。因為，企業文化是要經過時間，慢慢地融合而成的。我們常常舉煤碳爐的例子：當下面的火很旺的時候，如果一下子加進去很多的煤碳，火不但

是不會更旺，反而還會熄掉；因為煤碳太多了，反而阻卻了空氣的對流。

組織也是一樣，因為企業文化塑造的過程，是一個傳一個；所以，陸續地加人的時候，那個火是愈來愈旺，企業文化是這樣一個型態。所以，如果組織成長太快的話，實在是非常危險的；如果人一下子太多了，成長太快，是非常不利於企業文化的塑造。

當企業的規模變大，有更多生意的時候，就容易產生多元化的管理；此時，企業文化是很難塑造的。台灣有很多傳統的產業，在轉戰高科技產業的時候，往往就會面臨相同的困境。比如說，統一企業要進入電子業，成立了統一電子，他要塑造一個新的文化，就不是那麼容易的。即使是傳統的家電企業，要進入資訊業，原來的企業文化都有問題的，並不是那麼有效的。最成功的台塑集團，也是透過第二代，產生一些新的企業文化，才能夠有效地經營這些新興事業。所以，並不是說同一套的企業文化，可以應用到所有的業務上面；因為，下面

要點火，外面要加煤碳，這個引火的媒介，太遙遠了，就要無效了。

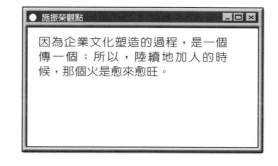

● 施振榮觀點

因為企業文化塑造的過程，是一個傳一個；所以，陸續地加人的時候，那個火是愈來愈旺。

　　一個國際企業在海外的營運，也等於是在遙遠的地點，天高皇帝遠，實際上，是比較難塑造出企業文化的。高級主管不穩定的時候，也是很難有企業文化；如果中階主管不重視這件事情，也是傳不下去的。就好像是煤碳愛加不加的，反正就是不會愈燒愈旺；因為，中間一層一層的，外層就等於是在組織的比較外層，或者比較下層的，他沒有辦法感受到這些熱源。所以，塑造企業文化，是有很多挑戰的。

總結

- 在每個轉折點檢討是否需要新的願景
- 願景與理念是領導者的主要工作
- 企業文化是核心競爭力之一
- 願景使大家的方向相同；信念使員工持續努力；文化能激勵人心
- 卓越的公司具有共通的企業文化原則，但隨不同的領導者有不同的風格

　　一個企業的願景，其實在每一個轉折點，都需要重新檢討一下，是不是要有新的願景？是不是在原來的基礎下，要更明確，或者要調整了？也就是說，隨時在任何一個節骨點上，都是值得來重新檢討。如果有這樣的理念的話，做事情就能夠比較持久，意志也比較能夠持續。如果有很好的企業文化，對所有的成員會有鼓舞的作用；因為，你是在做有價值的事情。因為企業的願景是個價值系統，當你相信這套價值的時候，縱使你的做法跟人家不一樣；你做起來是很有成就感的，結果也會是很有價值的。

　　一般卓越的公司，可能具有一些共通的企業文

化原則；但是，這些原則也會隨著業務的不同、隨著產業的不同、隨著領導者的不同，可能會有不同的詮釋。我記得十幾年前，在《追求卓越》這本

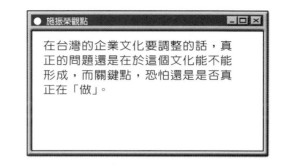

● 施振榮觀點

在台灣的企業文化要調整的話，真正的問題還是在於這個文化能不能形成，而關鍵點，恐怕還是是否真正在「做」。

書中，作者分析了美國十幾家成功的企業；並歸類出來幾類重要的企業文化，大概大同小異。不過，很麻煩的，在經歷過八年之後，作者又再寫一本書，發現同樣那些公司，大部分的企業不再卓越了。

因為，客觀環境在變，可能領導者也跟著在變。為什麼企業文化、理念，都跟領導者，還有一層一層的成員，要完全結合在一起？主要的原因就是，企業的活動，每天都在動；如果領導者只是每天在口頭上講願景、理念、文化等等，但是，幾個重要的高級主管的行為，跟這個不符的話，幾乎等於是白講了。

現在整個社會在轉型，實質上，大家也都知道問題之所在；但是，在台灣的企業文化要調整的

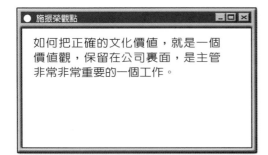

施振榮觀點

如何把正確的文化價值，就是一個價值觀，保留在公司裏面，是主管非常非常重要的一個工作。

話，真正的問題還是在於這個文化能不能形成，而關鍵點，恐怕還是是否真正在「做」。

譬如說人性本善、不留一手等等，這些都不是用講的；只是當你做了以後，產生它的效果，你要渲染開來，讓更多人相信它，一定是要用行為來證明的。

從另外一個角度來看，就像管理的理論，有時候都是把別人的行為，分析以後，所歸納的結果。文化，恐怕也是社會大家共同的行為，後來再給它一個定義，給它一個解釋。所以，如果在經營一個企業，如何把正確的文化價值，就是一個價值觀，保留在公司裏面，是主管非常非常重要的一個工作。如果不重視這個，而能夠經營成功的話，可以說是異數；就算是認真的執行既有作法，我也不認為只是重複，就能夠成功的。

孫子兵法

行軍篇

孫子曰：

凡處軍相敵：絕山依谷，視生處高，戰降無登：此處山之軍也。敵若絕水，必遠水；客絕水而來，勿迎之於水汭，令半渡而擊之，利。欲戰，無附水而迎客；視生處高，無迎水流：此處水上之軍也。絕斥澤，唯亟去無留；交軍斥澤之中，依水草而背眾樹：此處斥澤之軍也。平陸處易，而右背高，前死後生：此處陸上之軍也。凡四軍之利，黃帝之所以勝四帝也。

凡軍好高而惡下，貴陽而賤陰。養生處實，是謂必勝，軍無百疾。陵丘隄防，處其陽，而右背之：此兵之利，地之助也。上雨水，水流至；止涉，待其定也。絕澗遇：天井、天牢、天羅、天陷、天隙，必亟去之，勿近也。吾遠之，敵近之；吾迎之，敵背之。軍旁有險阻、潢井、葭葦、小林、翳薈，可伏匿者，謹復索之，姦之所處也。

敵近而靜者，恃其險也；敵遠而挑戰，欲人之進者，其所居者易、利也。眾樹動者，來也；眾草多障者，疑也。鳥起者，伏也；獸駭者，覆也。塵高而銳者，車來也；卑而廣者，徒來也；散而條達者，採樵者也；少而往來者，營軍者也。辭卑而備益者，進也；辭強而進驅者，退也。輕車先出居側者，陣也；無約而請和者，謀也。奔走陣兵者，期也；半進者，誘也。杖而立者，飢也；汲役先飲者，渴也；見利而不進者，勞也；鳥集者，虛也。夜呼者，恐也；軍擾者，將不重也；旗動者，亂也；吏怒者，倦也。殺馬肉食者，軍無糧也；軍無懸甀者、不返其舍者，窮寇也。諄諄翕翕，徐言人者，失其眾者也；數賞者，窘也；數罰者，困也。先暴而後畏其眾者，不精之至也。來委謝者，欲休息也。兵怒而相近，久而不合，又不相去，必謹察之。兵非多益，無武進，足以并力、料敵、取人而已。夫唯無慮而易敵者，必擒於人。

卒未專親而罰之，則不服，不服則難用也；卒已專親而罰不行，則不可用也。故合之以文，齊之以武，是謂必取。令素行以教其民，則民服；素不行以教其民，則民不服。令素行者，與眾相得也。

※本書孫子兵法採用朔雪寒校勘版本

行軍篇

凡處軍相敵:絕山依谷,視生處高,戰降無登:此處山之軍也。敵若絕水,必遠水;客絕水而來,勿迎之於水汭,令半渡而擊之,利。欲戰,無附水而迎客;視生處高,無迎水流:此處水上之軍也。絕斥澤,唯亟去無留;交軍斥澤之中,依水草而背衆樹:此處斥澤之軍也。平陸處易,而右背高,前死後生:此處陸上之軍也。凡四軍之利,黃帝之所以勝四帝也。

孫子說,作戰會遇上四種情況:在山上作戰的時候,注意要打下山而不是打上山;在水邊作戰的時候,要引誘對方涉水而來,然後在半途擊之;在沼澤之中作戰的時候,要佔據背後是樹林的位置;在陸地上作戰的時候,要注意右後方的地勢得比較高一些。

在商場上要注意的情況則是:

一、進攻市場時,對市場的本質要先有了解。看是適合搶攻的市場呢,還是適合慢攻的市場。適合搶攻的像美國,要有足夠的能力;適合慢攻的像日本;至於大

陸，在收款機制還沒有成熟之前，還是不要搶攻。

　　二、推出產品時，如果是成熟的市場，又有突破性
的新產品，那就快攻；不成熟的新產品，就慢慢地建
立，慢攻。

凡軍好高而惡下，貴陽而賤陰。

作戰的地勢，要比較高的地勢才有利，要照得到太陽的地方才比較有利。

商場上，就近是最重要的。因為我門熟悉那個市場，而且支援快。

敵近而靜者，恃其險也；敵遠而挑戰，欲人之進者，其所居者易、利也。衆樹動者，來也；衆草多障者，疑也。鳥起者，伏也；獸駭者，覆也。塵高而銳者，車來也；卑而廣者，徒來也；散而條達（直條）者，採樵者也；少而往來者，營軍者也。辭卑而備益者，進也；辭強而進驅者，退也。輕車先出居側者，陣也；無約而請和者，謀也。奔走陣兵者，期也；半進者，誘也。杖而立者，飢也；汲役先飲者，渴也；見利而不進者，勞也；鳥集者，虛也。夜呼者，恐也；軍擾者，將不重也；旗動者，亂也；吏怒者，倦也。殺馬肉食者，軍無糧也；軍無懸甀者、不返其舍者，窮寇也。諄諄翕翕，徐言人者，失其衆者也；數賞者，窘也；數罰者，困也。先暴而後畏其衆者，不精之至也。來委謝者，欲休息也。兵怒而相近，久而不合，又不相去，必謹察之。兵非多益，無武進，足以并力、料敵、取人而已。夫唯無慮而易敵者，必擒於人。

　　孫子解釋了各種從蛛絲馬跡了解敵方情況的方法，譬如：

　　我們已經到了敵人附近，敵方卻十分安靜，一定是自恃有什麼天險；我們還沒到敵人附近，敵方卻來挑戰的，一定是佔了什麼有利的條件。

樹林裡有鳥飛起來，是有伏兵；有野獸跑出來，是有陷阱。

遠處的塵煙高而尖的，是有車來；煙塵低而廣的，是有步兵來。

派來的使者言辭謙卑，但是卻在加強防備動作的話，是準備要進攻；派來的使者言辭高傲，並且一付要進攻的樣子的話，是準備要退兵了。

將軍講話如果還得瑣碎慢吞，就是失了眾心；一件事情獎賞不止一次，是窘了；一件事罰了不止一次，是困了。

先發脾氣之後，又對手下有怯意的，一定是個很差的將領。

等等等等。

商場上可供判斷的蛛絲馬跡，則不外乎來自一個產業的上中下游來掌握。

其中，下游經銷商可以傳達的訊息又最多，例如，同業發展的情況、消費者的情況等等。

美國的投資分析師，會把上下游的各種認知 Double Check，看訂單、設備使用率、Book over Billing ratio 等等。

兵非多益，無武進，足以并力、料敵、取人而已。夫唯無慮而易敵者，必擒於人。

兵不是光多就好。重要的是不要莽撞，可以團結、料敵、取勝而已。如果不深思細慮卻又輕敵的話，一定會兵敗被擒。

經營企業時，除非致勝的工具出來，打贏仗的典範出來，否則不要重兵集結；因為，兵多，糧食消耗也多。

但是真正可以戰勝的時候，光精也不足，因為戰果有限。

所以要該精則精，該多則多。

確定的市場和產品，就要乘勝追擊，但也要注意適可而止；如果已經進入萎縮的階段，卻還是把重兵繼續留放在那裡的話，就浪費資源了。

卒未專親而罰之，則不服，不服則難用也；卒已專親而罰不行，則不可用也‧‧‧令素行以教其民，則民服；素不行以教其民，則民不服。令素行者，與眾相得也。

還沒有完全收服的士兵，就責罰他的話，一定會不服，不服則難用。已經收服的士兵，如果罰不動，或是罰了也沒有作用的話，則不可用……法令平素就在實行，拿來訓斥人民，他們會服氣；平素不見實行，有事了卻要訓斥人民，那人民就不會服氣。平素就實行法令的話，可以深得人心。

對企業的領導者而言，也就是要注意不要「不教而殺」；「不教而殺」，就會不服。

對教不好的人，要不斷溝通，讓他改善；實在經過再三溝通還無效之後，才另作考慮。

人都是一樣，對那個文化不認同的時候，就不會動作。

如敵方的使者言辭謙卑，但軍旅卻積極備戰，這是向我軍進擊的預兆。

敵方的使者如言辭強硬，並且在行動上擺出進迫之勢，這是敵軍後退的預兆。

敵軍如先派出戰車佔住兩側，是準備列陣和我決戰。

沒有提出保證或和約，僅口頭言和，則敵人必有計謀。

問題與討論
Q&A

Q1 企業在海外的公司，如何在融入當地的文化與符合當地市場需求，仍同時保有母公司的文化？

A

如果我們以「入境隨俗」的觀念來看的話，基本上，到一個陌生的環境時，入境隨俗是應該的；但是，你在隨俗的過程中，會喪失自己的人格嗎？應該不會吧！你到了美國，不會變成美國人嘛。隨俗的意思應該是說，你到了陌生的環境，當然要尊重當地的文化，並吸收其中比較好的部分。

現在最大的問題是，企業在國際化了以後，在海外的公司有沒有塑造自己的文化？比如說，美國宏碁的文化可以跟宏碁母公司不同。為什麼我說美國宏碁沒有塑造他們自己的企業文化，是因為他在當地沒有篩選、精挑適合於美國宏碁應該有的價值觀，而是把外界所有泛泛的價值觀，在沒有精選或消化前，全部囫圇吞棗地接受。

同樣的情形，我們先不談在美國的公司，即使在台灣的母公司也是一樣。我們在台灣經營一個企業，如果對社會上很流行的一些不好的現象，比如說回扣文化等等，我們不去管理它；那麼，這些不好的文化就自然進入你的組織，甚至變成一個企業內部的文化。

在經營企業的時候，很重要的是，要不要篩選對你的經營比較有效的文化，再透過長時間的溝通，形成共識，讓它變成企業內部多數人所認同的文化；因為，只要多數人一認同，就會影響更多數人，自然就可以變成企業文化的一環。文化就是多數人認同才是一個文化，當這個文化僅是屬於少數人所認同的，那就表示還沒有形成文化，只是理念（Philosophy）剛開始萌芽而已。

我覺得宏碁在美國無法形成企業文化的主要原因，有幾個理由：首先是成功的時候，成長太快了，錯失了培養企業文化的好時機。其次，因為我們在當地的人員與台灣母公司的交流不夠，台灣的文化沒有辦法影響當地的同仁；所以，他們受到外界的影響，比受到台灣母公司的影響多。第三是當美國宏碁的發展不順利，經營不是很有效的時候，看到外面那麼多成功的公司，像 Dell、Compaq、IBM、HP 等等的經營模式，就認為那個是成功的模式，應該引進；他們沒有去深思那些成功的模式，我們有沒有機會用同樣的模式成功？我只能講沒有機會，因為彼此客觀的環境完全不一樣。但是，當地的同仁不是這樣想，他為了公司好，希望把那些文化引進來；結果一些所謂高固定成本（High Overhead）、大規模的做法等等，都不是我們客觀條件能夠忍受的。

在這個客觀的過程中，不是說員工不認真，而是在現象產生的時候，我們沒有足夠的主導性，去強勢地宣導讓他能夠成功的有效模式與文化的價值觀。因為，你要讓企業文化落地生根，當地同仁能夠接受的話，就是要它能夠有效，要能夠成功；讓他們用了以後，相信這些價值觀是可以用來在當地競爭。比如說，我們的「窮小子文化」、「不留一手」、「人性本善」等等，如何在二十幾年前和外界的那些文化競爭？贏了才有效！否則，不可能變成宏碁的文化。

所以，文化是要有心地慢慢去塑造，文化是塑造成的。當然，也可能剛好你碰巧進入了一個成熟的產業，其中就已經有很多可以引進的文化；不過，如果是開發一個處女地，難道可以沒有一個很具創業精神的文化嗎？企業的經營會成功，實質上，都還是應該有一些文化的因素在裏面。

Q2 當員工與員工間乃至集團與集團間，面臨利害交關時，是否也真能不留一手？能以知識管理制度來傳承寶貴經驗？宏碁在這方面是否有具體做法？

A 「不留一手」的文化當然要和組織的人事升遷、獎勵等制度，要想辦法結合在一起。比如說，我們要升遷某一個人的時候，同時一定要找到能夠接班的人；如此一來，資深的人一定要不留一手地往下傳。也就是說，我們如果要找人承當大任的時候，我們會找下面的人才比較多的人；當然，他可以去外面挖很多人進來。不過，宏碁也很難、很少去挖人，也沒有工具去挖人，沒有加薪怎麼挖人呢？所以，他要去訓練。他的組織裏面人才越多，是什麼意思？表示他不留一手地訓練越多，所以他就可以擔當更大的責任。

萬一裏面有一些盲點、瑕疵的地方，一定要透過制度來補充，讓組織具有這樣的一個客觀環境。在這樣正向的循環中，不留一手的文化，就會逐漸被認同，被相信。但是，人在競爭裏面難免會因為怕對自己不利，所以可能會有保留一手的想法；這恐怕是天經地義、沒有辦法避免的，只有透過企業文化的客觀環境，來塑造。當我們在開會的時候，我們在合作的時候，一方先能夠不留一手，自然就會引導另一方也不留一手，也提出一些貢獻。

最近我們的企業文化有改了幾個字：「以客為尊」改成「惟客思維」，「貢獻智慧」改成「分享智慧」，就是我們把文字再更精確地傳達新的思考模式。「以客為尊」是看到客人了，我們就尊重他；但是，「惟客思維」是說，在每天的行為裡面，只要一醒來，腦筋

想到的都是客戶的需要；這個在層次上面，是有往前的，更貼近服務的概念。「貢獻智慧」也是一樣，貢獻是自己保有，我希望「分享智慧」，大家一起來分享我們的智慧。所以，在文字上面，是有在追求更有效的發展。

當然，如果只是透過師徒式的傳承，這個發展當然有它的極限，但是也無法避免這種面對面的方式。我們在大學教育上面也是一樣，現在大家透過遠距教學（Distant Learning）、網際網路等模式，連EMBA 的碩士都可以經由遠距教學來授與學位；但是，所有學校的教授，他們也不怕沒飯吃。就是面對面（Face to Face）、不留一手，這種師徒之間的人性面的互動（Human Touch），是絕對不能少，也避免不了的。

因為，人要學習的應該是「智慧」，而不僅是「知識」。我們在談不留一手是在傳知識？還是在傳智慧？知識是比較簡單的。透過 IT（資訊系統）我們可以做很多知識管理的事情，我們也建立了很多的流程、系統，希望儘量能夠把一些寶貴的經驗傳承下來，這些都可以做到；不過，這個僅是針對知識而已，還不是智慧哦。我覺得不留一手的概念，恐怕更重要的是在智慧的不斷地提昇中，扮演絕對重要的角色。

願景是由上而下，還是由下而上形成比較好？

我們在開策略會議，談願景（Vision）的時候，是希望由 CEO（執行長）帶領一級主管，十到二十個之間，大家一起來討論。在這個過程裏面，這些人代表了各個功能、各個階層，而且從大趨勢、客戶、技術、員工等角度，代表了大多數人的看法。因為，如果要由下而上的話，那麼多的意見，要怎麼樣形成呢？所以，我們就透過這種方法；但是，本質上，當然有集思廣益，以及要了解下面需求的內涵。反過來，當你在執行或推動的時候，如果是由下來提供，可能所提出的東西都是枝枝節節的。

願景一般是正面的、比較激勵的、比較未來的、比較攻擊性的、比較大的、比較作夢的，這個方法先畫出來，是由正面的思考模式，然後，由上而下，慢慢來展開。公司只要有一個很簡單的願景，譬如：我們的生意就是在創造漂亮；或者創造歡樂！假設這是公司的願景，員工就有目標說：今天我是在創造歡樂，未來五年的目標到底是要以電影來創造歡樂？還是用什麼？但是，當他以這個願景在創造歡樂的時候，五年之後如果電影已經太普及了，已沒有什麼發展的空間，成長率也很有限了，要不要變？我是創造快樂的話，我做電動玩具、電腦的電動玩具，發展就不一樣喔。因為你的願景是在創造歡樂，所以在電影完成了以後，就可以直接借重這些內容，利用現在的科技來做的一些新的業務，還是可以達到創造歡樂的目標。此時，他可以是一個不同集團裏面的不同公司，或者是公司裏

面不同的事業部門都可以。

所以，我覺得願景應該由上而下，不斷地在傳達；但是，在定案之前，我們希望能夠尊重到下面的想法。今天，我在談宏碁的企業文化，當然我扮演很主導的角色；但是，我還是在取得很多的共識以後，才去執行的。我自己的心裡永遠想的是這個社會，永遠想的是他人；所以，我在提出「龍夢成真」的時候，已經深深感覺到我們年輕朋友在想什麼。因為，他們希望在國際舞台揚眉吐氣，他們希望能夠有自己的事業；這一些想法，到底我要不要一個一個問，才來得到這個訊息？還是說，雖然我在上面主導，我已經充分地掌握下面的需求，由上而下是更有效的。

其實，在宏碁內部，第一個先談出來要不同文化的人是我，第一個談到要給紅蘿蔔的也是我，下面的同仁不必講，我就已經想到了。如果在開完會的時候，你知道員工會談年終獎金要多一點，我就要先提出來；因為，我知道他們心理想的是這些。因為，你在領導一群人做事情，如果，領導者本身對他們的心態、他們的需求不了解，對客戶不了解，幾乎就沒有什麼希望。雖然是由上而下，但是，在做決策的時候是已經是充分掌握了下面的一些意見，然後形成共識，這個是一個過程。

因為各級主管代表不同的功能，代表不同的聲音，然後大家形成一個共識，而且經過集思廣益，大致八九不離十；然後，透過這個形式來形成企業的願景。如果我們是黑箱作業的話，我提出一個願景，然後要推動，是推不下去的，因為在過程中沒有人參與。但是，今天我們這樣做的好處是，所有下面的人總是有人可以代表他

們發表意見，當共識形成之後，你在推動的時候是師出有名，能夠比較有效。但是，還是要很有效地透過口號（Slogan），透過溝通（Communication），不斷地要把這個願景，很快地能夠傳達下去。

比如說，我在 1994 年提出「21 in 21」跟「2000 in 2000」，一個是願景，一個是目標：

宏碁集團在 2000 年的時候，營業額達到 2000 億，這個是一個目標；在 21 世紀有超過 21 家的上市公司，這個是願景。21 in 21 不只是數字，其中所代表的意思是：大家都有自己的公司，都可以獨立上市；不是只有 21，它是無止境的，是一個很簡單的數字，這個願景一傳達下去，大家都能夠有效地掌握。

當然，你在傳達願景的時候，同時要有一個回饋系統（Feedback System），當有誤導（Misleading）的時候，要去澄清；因為，你原來在想的時候，可能沒有考慮到那麼廣泛，別人可能會做不同的解釋，所以，你要再了解下面是怎樣接受這個訊息的。

如果是由下而上的話，傳達到最後了，可能就像我們在電視上所看到的比手劃腳單元，從這裏比到最後面，已經失真（Distortion）掉的時候，我們要有一個系統，能夠把它更正回來；確認下面所了解的，是很接近你主要的想法。實質上，精簡的東西要全面性的了解，比較容易；一些詳細的東西，你要所有基層的人都了解，是不太可能的。一方面他沒有興趣，一方面他也不在其位，所以，一個願景要從最下面，由下而上來形成，實務上是很難的。當然，我不曉得有多少的理論、多少的教科書，是從那個角度來看；不過，至少我個人的經驗，不是那樣子的。

宏碁在人才的培育或招募，以及願景和文化的推廣策略是如何做的？

企業文化的塑造，是在比較成功的時間會比較有效；人才的吸引也是一樣，企業經營得比較成功的時候，比較容易吸收好的人才。反過來，當你用重金所邀約的人才，以我們過去的經驗，也都不是很成功；因為他的出發點，都不是在企業長期、永續經營的思考模式。

未來，不管是企業文化的塑造，或者人才的培育或招募，實際上是不容易的；尤其，現在網際網路（Internet）的客觀環境裏面，要不斷地強調比較永續、長期的理念，而不靠金錢的方法，來訓練人才，來塑造企業文化，是要面對很大的挑戰。

我記得 1999年，宏碁集團內部和網際網路有關的所有的 CEO，一起在渴望園區開會。一方面，就像到美國去要入境隨俗一樣，我接受他們的一些客觀環境，也就是所謂網際網路的文化；我進入網際網路的領域，我接受了網際網路的文化。但是，反過來，我也是在說服他們：就算在網際網路的這個文化裏面，這個事業的客觀環境裏面，宏碁文化裏面的一些基本的理念，也不可以完全放棄；因為，爭一時，也要爭千秋。

那時候，我們的定義就是說，因為網際網路的營業模式是要快、要一時；不過，我說不要忘了千秋。所以，在這一個新的產業文化上面，我也有妥協（Compromise）。也就是說，在願景或目標形成的過程裏面，是要隨著整個客觀環境的變化，做必要的調整。

剛剛有談到知識管理，人才的培養是其中最重要的關鍵。比如說，今天的這些說明、講義，包含將它變成文字稿等等，希望變成廣泛的教材；我們公司的同仁，三百個、五百個、一千個，他在家裏有時間的時候，也要仔細研究；就是要讓這種的經驗分享，透過科技或網際網路的方法，能夠達到一些效果，這個也是在訓練人才。

我記得「群龍計劃」的第一次，我到全世界各個地方，去談一個最起碼的東西，叫「生意經」（Business Sense），談做生意的想法，花了很多時間，身體疲累得差一點要去開刀，我可以告訴你，這個觀念在亞洲被吸收了；到歐洲宏碁，到美國宏碁，他們聽到我在講的時候，是被說服了，但是，我一離開美國、歐洲，就慢慢忘了。因為，沒有練習！就好像在練高爾夫球，教練在講的時候，你都知道，不過，一離開又忘了；你一定要常常的練習，練到成為工作的一部份時，才能發揮效用。這個是為什麼在亞洲，在台灣，更能夠有效的原因。我們的生意經談的是如何是管理財務、如何管理庫存等等，我有一套講義，自己也到世界各處講了兩個月的時間；所以，在訓練人才方面，我們是多元化地進行。

實質上，我們的責任大概都是在談願景（Vision）、理念（Philosophy）、策略（Strategy），這些比較空或形而上的東西；但是，我認為當為一個領導者，最關鍵的任務，還是在培養人才。因為，談到管理，把事情做對、做好是一件事情；但是，談到領導，就是要把團隊帶往對的方向。能夠培育更多做事情的人才，實質上，它的效益遠超過就把那件事情做對，還要重要很多；所以，我花的時間在那邊是比較多的。

Q5 企業在成長的過程中，應該如何挑選適合企業文化的高階層人才？當他進來以後，如何讓他融入原有的企業文化當中？

 從宏碁的經驗來說，從外界資深或者空降進來的高階人才，剛開始的時候都是儘量採低姿態；此外，雖然他可以負責很多事情，但是有相當的時間中，他不是獨立作戰的，而是有一個人來協助他融入這個企業文化。

因為企業文化是那麼的無形，一方面我們是抓原則，一方面我們又鼓勵差異化；所以，在集團內部的每一家公司，因為領導者風格的不同，產業的不同，事業的不同，所形成的文化，可能會有所差異。由於我們要原則的東西，所以，當原則和它有差異的，不是事先清清楚楚的講；而是讓一些事情發生的時候，經過推敲，經過回饋，慢慢才會抓準那個東西。

當組織的領導者抓到那些原則和風格以後，就有一點「吾道一以貫之」的味道。其實，哪個道很難掌握的；因為，宏碁有宏碁之道，這個新進來的人，要抓對了宏碁之道，就需要一點時間。因此，從外面進來的人才，很難馬上在宏碁能夠做重大發揮；他一定經過一段時間，進來兩、三年，三、五年以後，才能夠有很好的發揮空間。當然，我們希望能夠不斷地自己訓練人才；同時，我們也可以不斷地借重外面。不管因為成長太快、資深的人才不夠、或者說我們的領域要轉變，我們都要從外面引導人才進來。比如說，我們比較成功的例子，像明碁所產生的子公司，都是明碁派人當總經理，在由外面引進資深的副總經理等等，他們一起共事；就是在企業文

化融入的過程，有人來協助。如此一來，那一些外界的人才，才能夠對這些新的事業，扮演最關鍵的一些角色。相對的，宏電就有幾個子公司，讓外界引進來的人獨立作業，就吃了很多苦，這個是很實際的例子。

Q6 目前盛行企業購併，如何將自己的文化注入購併的公司？可否評論 Cisco 與宏碁之間做法的差異？

企業購併要成功，實際上有幾個因素：第一個是併購者，自己要夠強，就像我火很旺，你加進來的碳，我把你燒掉，這個原則一定要有；如果是平行的併購，就很麻煩。現在，所有大的企業併購，尤其在資訊產業，變化那麼快，都沒有成功的案例，就是這個原因。一個企業集團，如果沒有同樣的企業文化，是經營不好的。

Cisco（美商思科）夠大，他吃掉其他公司後，很快就把他消化；他靠兩個東西來消化新的公司：第一個是 IT。所有的資訊系統只有一個，不要談，全部換過。第二個是企業文化。他們有一批人，強勢地整個就把他融合了；反正，就是不管你原來的文化是什麼，完全聽我的，我就是企業文化。這個是 Cisco 它成功的一個最主要的要素。

實質上，宏碁所成功或所面對的挑戰，基本的原則都是一致的：因為，企業文化有他的本質，你在優勢的時候，不能沒有文化，變成讓別人支配（Dominated）；美國宏碁就是外面的文化，支配宏碁的文化，當然就不行了。所以，一定是在你強勢的時候，再來進行企業購併；你是比較大的，才能夠吃掉別人，這是很關鍵的東西。

附 錄 1
施振榮語錄

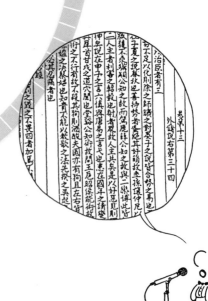

1.

在創新的道路上，往往布滿許多嘗試錯誤的機會，但這些經驗卻是企業培養長期能力的重要資產。

2.

在研發新產品的時候，總有些影響開發時間與成敗的關鍵技術，若能夠突破關鍵技術的瓶頸，便掌握後續的研發能力。

3.

要把簡單的構想化為賺錢的商品，比研發工作更為複雜而重要。

4.

許多發明者都把自己的創意當成稀世瑰寶，抱著不放，到頭來落得飲恨心死或精神錯亂。我認為，技術的發明是永無止境的，當一個人認為自己發明了千載難逢的東西，事實上明天就會有更多更好的發明誕生，因此，對一個發明者而言，最重要的是能夠即時將發明轉換成報酬，也就是將發明變成商品。

5.

我以為有志從事發明的人，應該賣自己的創意，而不是讓自己也介入發明產品的生產與行銷行列。因為即使發明者的發明能力是滿分，但是生意能力可能不及格，從發明跨行從商，不但扼殺創意力，而且極可能拖垮自己。

6.

獨享利潤往往也意味著獨擔風險。分享固然會降低自己的利潤,但也降低風險。

7.

分享發明,往往不是利益的流失,而是創造更大的利益。

8.

從另一個角度來看,擁有獨家技術是很危險的。許多公司之所以必須緊抱獨門技術不放,是因為公司的管銷費用太高,所以必須採取這樣的方式來獲取額外的利潤,但如此一來反而看不見問題,延誤改善時機。

9.

要做到好用又便宜,讓消費者可以用合理的價格,買到方便運用的產品,才是真正的挑戰所在。

10.

不管發展甚麼產品,自我實現的成就感是一回事,但要對人類真正有所貢獻,是在於應用廣度,否則也只是閉門造車。

11.

企業投資研發並非難事，研發工作的困難，是在於如何評估、找出具市場潛力的產品，並做出成熟的商品，這是比技術更重要的工作。

12.

技術的「可行(enable)能力」是書本上學不到，必須通過實際投入才能逐漸培養的實力，當企業擁有這些能力之後，還必須掌握兩個關鍵條件：方向和時機。

13.

在研發過程中，產品也許會失敗，技術的累積是不會失敗的。

附 錄 2
孫子名句及演繹

1.
地形有：挂、支、隘、險、遠、通。

2.
我可以往，彼可以來，曰通。
通形者，先居高陽，利糧道比戰則利。

3.
可以往，難比返，曰挂。
挂形者，敵無備，出而勝之，敵若有備，出
而不勝難比返，不利。

4.
我出而不利，彼出而不和，曰支。
支形者，敵雖利我，我無出也；引而去之，
令敵半出而擊之，利。

5.
隘形者，我先居之必盈以待敵；若敵先居
之，盈而勿從，不盈而從之。

6.

險形者，我先居之必居高陽以待敵；若敵先居之，引而去之，勿從也。

7.

遠形者，勢均難以挑戰，戰而不利。

8.
非利不動，非得不用，非危不戰。

9.
合於利而動，不合於利而止。

10.
怒可以復喜，慍可以復悅，亡國不可以復存，死者不可以復生。

領導者的眼界 **10**

願景與企業文化

願景使大家方向相同
文化能激勵人心

施振榮／著・蔡志忠／繪

責任編輯：韓秀玫　　封面及版面設計：張士勇
法律顧問：全理律師事務所董安丹律師
出版者：大塊文化出版股份有限公司
台北市105南京東路四段25號11樓
讀者服務專線：080-006689
TEL：(02) 87123898　FAX：(02) 87123897
郵撥帳號：18955675　　戶名：大塊文化出版股份有限公司
e-mail:locus@locus.com.tw
www.locuspublishing.com
行政院新聞局局版北市業字第706號
版權所有　翻印必究

總經銷：北城圖書有限公司
地址：台北縣三重市大智路139號
TEL：(02) 29818089 (代表號)　FAX：(02) 29883028　9813049
初版一刷：2000年12月
定價：新台幣120元
ISBN 957-0316-46-2
Printed in Taiwan

國家圖書館出版品預行編目資料

願景與企業文化： 願景使大家方向相同
文化能激勵人心
／施振榮著；蔡志忠繪 .—初版 .— 臺北市：
大塊文化，2000〔民 89〕
面； 公分 . —(領導者的眼界；10)
ISBN 957-0316-46-2 (平裝)
1. 決策管理　2. 企業─文化

494.1　　　　　　　　　　　89018527

1 0 5 台北市南京東路四段25號11樓

廣 告 回 信
台灣北區郵政管理局登記證
北台字第10227號

大塊文化出版股份有限公司　收

地址：＿＿＿市／縣＿＿＿鄉／鎮／市／區＿＿＿＿路／街＿＿＿段＿＿巷

弄＿＿＿號＿＿＿樓

姓名：

編號：領導者的眼界10　　書名：願景與企業文化

讀者回函卡

謝謝您購買這本書，為了加強對您的服務，請您詳細填寫本卡各欄，寄回大塊出版 (免附回郵) 即可不定期收到本公司最新的出版資訊，並享受我們提供的各種優待。

姓名：　　　　　　　　　　**身分證字號：**

住址：＿＿＿＿＿＿＿＿＿＿＿＿＿＿＿＿＿＿＿＿＿＿＿＿＿＿

聯絡電話：(O)＿＿＿＿＿＿＿＿＿＿　　(H)＿＿＿＿＿＿＿＿＿＿＿

出生日期：＿＿＿＿年＿＿＿月＿＿＿日　**E-Mail：**＿＿＿＿＿＿＿＿＿＿

學歷： 1.□高中及高中以下　2.□專科與大學　3.□研究所以上

職業： 1.□學生　2.□資訊業　3.□工　4.□商　5.□服務業　6.□軍警公教
7.□自由業及專業　8.□其他＿＿＿＿＿＿

從何處得知本書： 1.□逛書店　2.□報紙廣告　3.□雜誌廣告　4.□新聞報導
5.□親友介紹　6.□公車廣告　7.□廣播節目8.□書訊　9.□廣告信函
10.□其他＿＿＿＿＿＿＿

您購買過我們那些系列的書：
1.□Touch系列　2.□Mark系列　3.□Smile系列　4.□catch系列　5.□天才班系列
5.□領導者的眼界系列

閱讀嗜好：
1.□財經　2.□企管　3.□心理　4.□勵志　5.□社會人文　6.□自然科學
7.□傳記　8.□音樂藝術　9.□文學　10.□保健　11.□漫畫　12.□其他＿＿＿＿＿

對我們的建議：＿＿＿＿＿＿＿＿＿＿＿＿＿＿＿＿＿＿＿＿＿＿＿
＿＿＿＿＿＿＿＿＿＿＿＿＿＿＿＿＿＿＿＿＿＿＿＿＿＿＿＿＿＿＿＿＿

LOCUS

LOCUS

LOCUS

LOCUS